W0404270

Endstation Rheine

Wolfgang Staiger

ENDSTATION RHEINE

Die letzten Dampfloks der DB

Mit 108 Fotos

Franckh'sche Verlagshandlung Stuttgart

CIP-Kurztitelaufnahme der Deutschen Bibliothek

Staiger, Wolfgang
Endstation Rheine : d. letzten Dampfloks d. DB. —
3. Aufl. — Stuttgart : Franckh, 1978.
ISBN 3-440-04330-4

3. Auflage, 10.—13. Tausend

Schutzumschlag gestaltet von Edgar Dambacher

Franckh'sche Verlagshandlung, W. Keller & Co., Stuttgart / 1978 /
Alle Rechte, insbesondere das Recht der Vervielfältigung, Verbreitung und Übersetzung, vorbehalten. Kein Teil des Werkes darf in irgendeiner Form (durch Fotokopie, Mikrofilm oder ein anderes Verfahren) ohne schriftliche Genehmigung des Verlages reproduziert oder unter Verwendung elektronischer Systeme verarbeitet, vervielfältigt oder verbreitet werden /
© 1976, Franckh'sche Verlagshandlung, W. Keller & Co., Stuttgart /
Printed in Germany / Imprimé en Allemagne / LH 19 Hä /
ISBN 3-440-04330-4
Druck: Johannes Illig, Buch- und Offsetdruckerei, Göppingen

Die Dampflokomotive scheint zu einem unerschöpflichen Thema zu werden. Immer noch steigt die Zahl ihrer Bewunderer, und alles, was mit ihr in Zusammenhang stand, wird aufgespürt, aufgezeichnet und in vielerlei Form anderen zugänglich gemacht. Mit der guten alten Zeit, mit Nostalgie und Museum verbinden heute viele Menschen die Dampfeisenbahn, andere berichten über ihre eigenen Erlebnisse und Gefühle, als die Eisenbahnlinien die Verkehrsadern ihrer Ortschaften waren.

Das Bild der Züge in den Bahnhöfen, von denen man zur Arbeit oder in die Ferien fuhr, bestimmten Dampflokomotiven. Über ihre perfektionierten Nachfolgerinnen, von denen auf Grund ausgedehnter Werbekampagnen bekannt ist, daß sie sich das Rauchen abgewöhnt haben, weiß man nichts zu erzählen.

Das ist durchaus zu verstehen — die Dampflokomotiven waren einfach das Symbol der Eisenbahn. Zeigte doch dieser fauchende, sich so eigenwillig äußernde schwarze Koloß unmißverständlich, daß durch seine Kraft die Züge liefen. Auf den heißen Führerständen gab es harte Arbeit für zwei allen bekannte und vertrauenswürdige Persönlichkeiten: den Dampflokführer und den Heizer. Der Dampfbetrieb gehört der Vergangenheit an; daß er bei aller Romantik auch leistungsfähig war, hat er auf manchen Strecken bis in unsere Zeit bewiesen.

Zur letzten wirklich großen Einsatzstelle der Bundesbahn-Dampflokomotiven entwickelte sich das Bw Rheine (Westf.). Im Laufe der vergangenen Jahre wurden in diesem Bahnbetriebswerk die schweren, durch Elektrifizierung und Verdieselung bei anderen Dienststellen freigewordenen ölgefeuerten Dampfloks zusammengezogen. Gemeinsam mit dem Bw Emden bespannte Rheine seine sämtlichen Güterzüge mit der Dampflok. Den Schwerpunkt bildete der schon klassisch zu nennende Erzverkehr vom Emdener Hafen über die Emslandstrecke in Richtung Ruhrgebiet: Hier liefen als Besonderheit die aus zwei Erzzugeinheiten gebildeten „Doppelparks“, mit ihren 4000 t Last auch die schwersten Züge Europas, und bis vor kurzer Zeit fuhren auch die letzten Dreizylinder-Pazifik-Loks im einzigen 1975 bei der DB noch vorhandenen Dampfschnellzugdienst auf der Emslandstrecke. Gerade durch diese BR012-Loks wurde Rheine zu einem international bekannten und oft besuchten Ort der Eisenbahnfreunde.

Für einige Studenten bestand hier die Möglichkeit, als Heizer zu arbeiten. Das war nicht nur späteren Eisenbahningenieuren vorbehalten, auch ein angehender Jurist und einer, der unbedingt Fotograf werden wollte, waren mit von der Partie.

Im Frühjahr und Sommer 1974 zählte ich für ein gutes halbes Jahr als Heizer zur Fahrdienstgruppe des Bahnbetriebswerkes Rheine. Zu dieser Zeit war noch einiges geboten, denkt man an die zahlreichen Ruhrgebietsfahrten der Dampflok, und mit den Bädersaisonzügen im Sommer erreichte der Dampfschnellzugdienst seinen letzten Höhepunkt. Zur Lokmannschaft zu gehören hieß aber nicht nur, Züge zu fahren. Es galt, die vielen Kleinigkeiten bei der Nachschau, beim Abschluß- und Vorbereitungsdienst einer Dampflok zu erledigen, die einem jede dieser Maschinen mit der Zeit so vertraut erscheinen ließen. Man lernte ihre Eigenheiten kennen, wußte Bescheid über gute und schlechte Dampfmacher, und stellte sich bei der Zugfahrt darauf ein. Es freut mich, an dieser Stelle zu sagen, daß ich im Bw Rheine nicht der einzige war, der gerne und am liebsten auf den alten Dampfloks arbeitete. Später, als meine Heizerzeit bereits zu Ende war, besuchte ich noch oft das Bw Rheine und machte viele der Fotos zu diesem Buch.

Ein weiteres Ziel war Bahnhof Norddeich mit seinem Molengleis, in den meine Lieblingsmaschinen, die 012-Loks, mit ihren Reisezügen neben den Fährschiffen zu den ostfriesischen Inseln einliefen, und wo ich immer wieder fotografierte.

Seit dem 1. Juni 1975 gibt es bei der DB keine 012-Dampfschnellzugslokomotiven mehr. Die anderen Typen werden noch einige Zeit für den schweren Güterzugsdienst benötigt, aber auch ihr Ende ist bereits abzusehen. Aus meinen Fotos von den letzten Einsätzen dieser Dampfschnellzugslok und der Güterzugmaschinen ist der vorliegende Bildband entstanden — zur Erinnerung an die Dampflokzeit beim Bahnbetriebswerk Rheine (Westfalen).

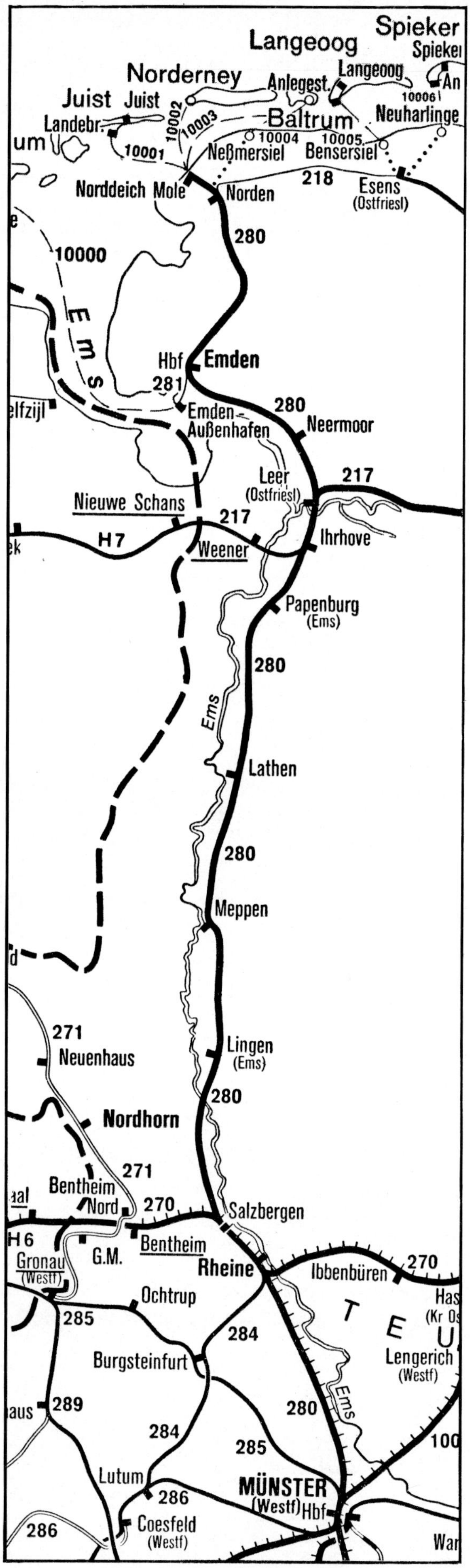

Der Kartenausschnitt zeigt die Emslandstrecke

1

1: Lok 012 063 am „Kanal“ im Bw Rheine. November 1974.

2: Sonntagsruhe im Bw Rheine. 15. September 1974.

044 231-9

3: Vom Ölturm in Rheine gesehen: die 012 081 beim Ausblasen der Ölleitung. November 1974.

4: Eine 042, wahrscheinlich aus Osnabrück gekommen, sowie 043 321 und eine weitere 042 vom 4000-t-Erzzug aus Emden, warten auf das Betanken. November 1974.

5: Lok 043 121 fährt zur Drehscheibe des Bw Rheine. November 1974.

Die Entstehung dieses Buches geht zurück auf einen Tag im November 1973. Als Student im zweiten Semester konnte ich bereits das Ende meiner Finanzen absehen, so daß ich ein halbes Jahr aussetzen mußte, um mir mein weiteres Studium zu verdienen. An die Möglichkeit, Lokheizer zu werden, dachte ich wirklich nicht, als ich zu dieser Zeit nach Norddeich fuhr. Für ein paar Tage wollte ich einfach ausspannen, und ich glaubte, es wäre die letzte Möglichkeit, noch einmal eine Dampfschnellzuglok im Betrieb zu sehen, bevor ich nach Stuttgart zurückfahren und mir eine Arbeit suchen würde.

So fuhr ich nach Norddeich, blieb dort viel länger als ursprünglich geplant — über eine Woche. Es war eine sehr schöne Zeit, in der ich die Dampflokpersonale des Bw Rheine etwas näher kennenlernte. Im Bahnhof Norddeich machten sie Nachschau an ihren 012-Loks und hatten so Pause, daß ich mit ihnen plaudern konnte.

Ein besonderes Ereignis fiel in jene Zeit — eine abendliche Sturmflut. Als Süddeutscher hatte ich mich über die hohen Deiche doch gewundert, zumal man vom Meer, wenn nicht gerade Flut war, kaum etwas bemerkte. Aber an diesem Abend war vom Molengleis nur noch wenig zu sehen, lediglich die Bahnhofshalle und die Lampen am Weg zu ihr — durchs Wasser.

Es war längst dunkel, als kurz nach 17 Uhr ein Eilzug in Norddeich einlief, wahrscheinlich der an diesem Tag verspätete E 1937. Er fuhr natürlich nicht in die überflutete Mole, doch seinen Packwagen entlud man am Überweg der Schranken. Anschließend bot sich ein herrliches Schauspiel: Die 012 mußte ihren Eilzug auf ein anderes Gleis rangieren. Sie fuhr nun doch in die Mole hinein, ganz vor bis zur aufgestellten Haltetafel, wo einzelne Wellen bereits den Bahnsteig überbrachen, im Gleis zusammenliefen und ihr mächtiges Räderwerk umspülten.

Auf meiner Rückreise wollte ich noch einen Tag in Rheine bleiben. Dort reizte mich natürlich nur das Betriebswerk. Mehrere Stunden trieb ich mich zwischen den wiederentdeckten schwarzen Schönheiten herum. Die Personalstelle ist in Rheine im selben Raum untergebracht, wo man sich auch für einen Bw-Besuch anmeldet, und ich stellte spontan die Frage, ob ich für ein halbes Jahr als Heizer arbeiten könnte!

„Ja, das geht, aber nur mit Zustimmung der BD Münster!"

Das war eine überraschende Antwort, an der ich immer mehr Gefallen fand, so daß mein Entschluß bald feststand. Wieder zuhause, schrieb ich einen ausführlichen Brief an die Direktion Münster, in dem ich mein Interesse an Dampfloks und mein Maschinenbaupraktikum besonders hervorhob. Anfang März 1974 befand ich mich wieder in der Personalstelle des Bw Rheine, mußte meine Unterschriften leisten, und wurde schließlich eingestellt.

Am nächsten Morgen ging's los: Mit einer sehr guten, ausführlichen Ausbildung durch die Lehrlokführer von Rheine, Johannes Bönte und Adolf Knoke, die vielen sicher auch von zahlreichen Dampf-Sonderfahrten bekannt sind, zusammen mit sieben weiteren Kandidaten.

Noch immer denke ich gern an die schon mehr als zwei Jahre zurückliegende Zeit, als ich eingeweiht wurde in die Betriebsgeheimnisse der Dampflokomotive, von denen ich, wie ich bald merkte, als Außenstehender doch so gut wie nichts kannte. Die meiste Zeit verbrachten wir im Hof und im Lokschuppen, wo ich viele Teile der Dampflok zum erstenmal sah, ihren Aufbau kennenlernte, und wo wir den Umgang mit ihnen übten.

Was ist zu tun, wenn während der Fahrt ein Wasserstandsglas platzt? Man muß ein neues einsetzen! Aber wie?

Selbst hinter solchen Kleinigkeiten wie dem Wasserstandsanzeiger verbirgt sich kein so einfacher technischer Apparat, wie es zunächst scheinen mag. Wir haben ihn damals im Bw durchexerziert wie so vieles andere, so gründlich, daß ich es heute noch könnte.

Der Abschluß dieser Ausbildung war eine Fahrt ins Ausbesserungswerk Braunschweig, das zu dieser Zeit noch viele L 2-Untersuchungen an Dampfloks vornahm. Dort konnte man, angefangen von der zu Beginn aller Ausbesserungsarbeiten weitgehend auseinandergebauten Dampflok über andere, bereits wieder im Zustand des Zusammenbaus befindliche Maschinen bis zur fertigen Lok den ganzen Aufbau der Maschinen am besten erkennen. Auf der Rückreise nahmen wir die im AW ausgebesserten Loks 012 081 und 042 210 nach Rheine mit.

Eine Zeitlang fuhr ich noch als dritter Mann zum Einarbeiten mit, und nach einer Verwendungsprüfung, denn ich war ja Aushilfsarbeiter, durfte ich als Heizer selbständig meinen Teil der Dampflok bedienen. Es folgte noch ein kurzes Zwischenspiel als Beimann auf Elloks.

Aber am 16. April 1974 war es endlich soweit! Mein erster Dampfzug wurde der City-Schnellzug DC 910 — und ausgerechnet mit der 012 061 bespannt, dem „schwarzen Schaf" unter den 012-Loks des Bw. Aber an diesem Tag lief die „61" ausgezeichnet und machte sogar bestens Dampf. Auch ließ sich ein sehr ausgeglichener Lokführer durch meine Nervosität überhaupt nicht aus der Ruhe bringen.

Man mag sich vielleicht wundern, wie ich als Anfänger gleich zu einem DC kam: Vom 1. April bis zum 25. Mai 1974 wurde in Norddeich die Drehscheibe überholt. Daher mußten sämtliche Reisezüge ab Emden mit einer Diesellok BR 216 bespannt werden. Diese Maschine fehlte dann auf der Emslandstrecke, und so fuhr man insgesamt vier DC Züge (DC 910, 913, 914, 917) mit Dampf.

Für diese kurze Zeitspanne lohnte es sich nicht, die vier DC in den Schnellzugdienstplan aufzunehmen, daher fuhr man die Züge „wild" mit Personalen, die nicht fest in einen der bestehenden Dienstpläne eingesetzt waren. Mein Interesse an den 012-Dampfloks war offenkundig, und so gönnte mir die Lokleitung fortan fast täglich meinen DC. Schwierig zu fahren waren diese kurzen, meist nur aus vier oder fünf Wagen bestehenden „Renner" nicht. Sie hielten, wie alle andern Schnellzüge, in den Bahnhöfen Lingen, Meppen, Papenburg sowie Leer (Ostfr.), und brauchten für die 143 km lange Strecke bis Emden 88 Minuten an reiner Fahrzeit, waren also um genau eine Minute langsamer als der namenlose Dampfschnellzug D 714.

An meinem Zimmer in Rheine fand ich immer mehr Gefallen. Es lag in einer ruhigen Wohngegend, nur durch den Garten und einen Fußgängerweg von der Eisenbahnlinie getrennt, ausgestattet mit einem großen Fenster auf die Schaubühne der Dampfeisenbahn. Dort fuhren sie noch vorbei wie vor Jahrzehnten, als habe man die Emslandstrecke beim großen Strukturwandel der Eisenbahn vergessen.

Oft wurde der schnelle, kräftige Dreizylinderschlag eines „Jumbos“ vor einem leeren Erz-Doppelpark abgelöst vom tiefen, langgezogenenn Auspuffschlag einer anfahrenden 042, die mit ihrem bis zu 1800 t schweren Ölzug aus Lingen am Einfahrtsignal von Rheine zu warten hatte, bis der Emdener durch war, und die nun mit äußerster Kraftanstrengung versuchte, ihren Zug durch die Kurve zu bringen und noch etwas Schwung zu holen für die hinter Rheine beginnende Steigung nach Ibbenbüren — Osnabrück.

Kurz vor Mittag fand der größte Auftritt des Stars 012 statt: Auftakt war der D 735 mit seinen meist mehr als zehn Wagen. Man vernahm sie schon aus der Distanz — etwas gedämpft, denn die 012 war keine laute Lok. Erst unter der Neuenkirchener Brücke brach der schnelle Auspuffschlag voll hervor. Oft hörte ich es schon von weitem, welche Lok den Zug führte. Die 012 066 hatte den kräftigsten Schlag, die „55“ und die „63“ kamen leiser, aber schärfer, und auch jede der anderen hatte ihre eigene Art. Besonders schön war es, und das kam oft vor, wenn die 012 einen „Schleuderer“ hinlegte — es folgt die kurze Ruhe, nur das Rollen des Zuges, dann das vorsichtige Tasten der Lok mit den ersten leisen Auspuffschlägen, um Augenblicke später wieder voll loszulegen, das Versäumte nachzuholen.

Zehn Minuten später wiederholte sich das ganze Schauspiel mit dem D 1735, einem Saisonschnellzug im Sommer nach Emden Außenhafen, der auf allen größeren Unterwegsbahnhöfen hielt. Der D 735 war im Sommerfahrplan ein Durchläufer zwischen Rheine und Emden. Um 11.26 Uhr lief der D 715 ein, ebenfalls mit einer 012 bespannt — im Leerlauf mit dumpf schlagenden Pumpen.

Es mag nun von Interesse sein, etwas über die Geschichte des Bw Rheine zu erfahren. Mit seinen Aufzeichnungen hat mir dabei Herr Gerhard Plankert geholfen, der zu meiner Zeit Chef des Bw Rheine war und fast vierzig Jahre früher bereits als B-Gruppnleiter den Lokfahrdienst des damaligen Bw Rheine Pbf leitete.

Gleichzeitig mit der Erweiterung des Güterbahnhofs wurde das in der Nähe der Ortschaft Hauenhorst gelegene Bw Rheine Rbf 1919 in Betrieb genommen. Loks der Gattungen T16.1 und T14.1 (BR 94.5 und 93.5) besorgten den Verschiebedienst im Rangierbahnhof. Vor den Güterzügen liefen die G7.2 (BR 55.7) sowie über viele Jahre hinweg auf Heißdampf umgebaute G9.1 der Nummernreihe 55.23.

Für die Bespannung der Reisezüge war das ältere Bw Rheine Pbf zuständig. Es stationierte Loks der Baureihen 17.2 (S 10.2), 38.10 (P 8) und 74.4 (T 12) sowie verschiedene ehemals preußische Tenderlokomotiven für den Rangierdienst im Personenbahnhof. 1935 erschienen die ersten Einheitslokomotiven der BR 03, die sich über einen sehr langen Zeitraum von fast 30 Jahren in Rheine hielten.

Der Zweite Weltkrieg brachte für die beiden selbständigen Dienststellen eine große Änderung. Am 20. Januar 1945 wurde das Bw Rheine Pbf bei einem Luftangriff vollständig zerstört. Zunächst versuchte man, nach Salzbergen in den Holländischen Schuppen auszuweichen, doch konnte der Betrieb wegen der ständigen Luftangriffe auf das nahegelegene Ölwerk nicht aufrechterhalten werden. Der Holländische Lokschuppen lag in Salzbergen zwischen den Ausfahrgleisen nach Bentheim und Lingen. Also zog man wieder um, diesmal endgültig ins Güterzug-Bw nach Hauenhorst. Am Karfreitag 1945 wurde Rheine von kanadischen Truppen besetzt. Ostrückführloks der BR 50 und 52, gefahren von kanadischen Lokführern, bestimmten das Bild der Züge, und im Bw Rheine Rbf leiteten kanadische Offiziere als Gruppenleiter die Verwaltung.

Die Bespannungsschwerpunkte lagen auf den in Rheine sich kreuzenden Hauptstrecken: Holländische Grenze — Osnabrück — Hannover einerseits und Norddeich — Emden — Ruhrgebiet andererseits. Die 03, die beliebtesten Dampfloks des Bw, liefen vor sämtlichen Reisezügen und verdrängten selbst die P 8 aus dem Personenzugdienst. Anfang der sechziger Jahre erhielten die Rheiner leihweise eine 01.10 (Kohle) vom Bw Osnabrück Hbf zur Bespannung des D 291/292, dessen knappe Fahrzeit mit der 03 nicht einzuhalten war.

Nach einer Verstärkung des Oberbaus auf der Emslandstrecke kamen 1958 die ersten 44er ins Bw. Mit ihrem Erscheinen stiegen auch die Zuglasten im Erzverkehr. Schaffte in den dreißiger Jahren die 55.25 noch 1200 t, so waren es nach dem Krieg bei der BR 50 bereits 1500 t. Ein „Jumbo“, wie man die schwere 44er auch in Rheine nannte, zog anfänglich einen Erzpark mit 1800 t, später 2000 t, und in den siebziger Jahren waren es manchmal noch mehr — bis zu 2400 t, der doppelten Last wie bei der G 9.1, und dies mit einer höheren Grundzuggeschwindigkeit.

Im Jahre 1962 kamen die ersten 01 ins Bw Rheine, und damit eine beim Personal gänzlich unbeliebte Maschine, derer man sich hier selbst im Nachhinein ungern erinnert. Dies hängt zusammen mit dem Heißdampfregler ihres Neubaukessels und mit der damit verbundenen dauernden Neigung der Lok zum Wasserreißen, da das chemisch aufbereitete Wasser stark schäumte. Es gab auch Loks mit alten Kesseln, in ihnen sah man aber eher eine verstärkte 03.

Betrachten wir einmal den Lokbestand des Bw Rheine vom September 1963. Es waren insgesamt 77 Dampfloks vorhanden! Darunter 11 Loks der BR 01 und 17 Stück BR 03, also zusammen 28 Reisezuglokomotiven. Ferner für den Güterzug- und Rangierdienst: 7 Loks BR 41, sodann 22 Stück BR 44 und 16 Stück BR 50 sowie 4 Stück 93.5. Für den Dienst nach Holland besaßen einige 01 und 03 Kurztender zum Wenden auf den dort vorhandenen Drehscheiben.

Durch eine weitgehende Elektrifizierung der Strecken im Ruhrgebiet und die schrittweise Verdieselung der Reisezüge von Holland nach Osnabrück — Hannover wurde der Bestand an Schnellzuglokomotiven rasch kleiner. Zur Bewältigung des Saisonverkehrs im Sommerfahrplan 1968 reichten die nunmehr 16 Loks der BR 01.10 (Kohle), alles Abgaben der Bahnbetriebswerke Osnabrück Hbf und Kassel, sowie einige Emdener Loks aus, um den nur noch auf der Emslandstrecke vorhandenen Dampflok-Reisezugdienst zu bespannen. 01 und 03 waren endgültig aus dem Bw Rheine verschwunden. Während mit den 03-Loks noch regelmäßig von Norddeich bis Köln oder im Sommer vor Saisonzügen bis Mönchengladbach gefahren worden war, endete der Lauf der 01.10 meist schon in Münster.

Auch auf der „Rollbahn“, der Strecke Osnabrück — Hamburg, waren die Elektrifizierungsarbeiten in vollem Gange, und mit den dadurch freiwerdenden ölgefeuerten Dampflokomotiven sollte Rheine zum Öllok-Bw werden. Dort war man sicher nicht unglücklich, als im Mai 1967 die erste und gleichzeitige Schulungslok 41 320 (Öl) ins Bw kam. Man mußte sie noch fast täglich zum Auftanken nach Osnabrück fahren, bis dann zum 1. Juli 1967 die Öltankanlage fertig wurde. Da sich die Dampflokzeit bereits dem Ende zuneigte, errichtete man eher ein Provisorium, bestehend aus dem einfachen Beobachtungsturm und einer Pumpe, die das Öl direkt aus den bereitstehenden Tankwagen förderte. Eigens zum Ausprobieren dieser Anlagen kamen 41 226 und 41 364 herbei. Kurz darauf folgten die 41 018, 021, 052, 073, 168 und 360 als erste eigene Ölloks des Bw Rheine.

Mit der Aufnahme des elektrischen Betriebs auf der „Rollbahn" zum Winterfahrplan 1968/69 wurden über die BD Münster dem Bw Rheine insgesamt 11 ölgefeuerte Loks der BR 01.10, inzwischen amtlicherseits bereits als BR 012 bezeichnet, und eine z-gestellte Lok als Ersatzteilspender (012 089), sowie 8 Loks der BR 043 und sämtliche 042 der Bw Osnabrück Hbf und Kirchweyhe zugeteilt.

Später kamen noch die restlichen 043 aus Kassel sowie einige 011, für welche durch die zahlreichen Fristabläufe und Ausmusterungen bei den 012-Loks besonders im Sommer starker Bedarf vorhanden war. Mit dem Erscheinen weiterer 012-Loks aus Hamburg-Altona konnten jedoch die 011 wie auch die Emdener 023 abgelöst werden, so daß das Bw Rheine Anfang 1973 nur noch über ölgefeuerte Dampfloks verfügte.

Doch nicht für lange Zeit. Herbst 1973 gab es die bekannte Ölkrise. Wie alle Welt, wollte auch die Eisenbahn Öl sparen. Mit einem Schreiben der BD Münster hieß es für das Bw Rheine: „Wegen der angespannten Versorgungslage von schwerem Heizöl wird der Dienstplan Umlauf 31.01 (BR 012) aufgelöst und ungültig. Die Leistungen werden mit dem 30. 11. 73 mit 3Loks der BR 216 der BD Hannover, 1 Lok der BR 012 und zwei Loks der BR 050 (Bw Emden) nach einem neuen Umlaufplan gefahren. Ferner werden dem Bw Loks der BR 044 zugewiesen, und diese sind umgehend als Ersatz für die BR 043 einzusetzen."

Nur die etwas sparsamere BR 042 durfte voll weiterlaufen. Und tatsächlich kamen die 044. In jenen Tagen wurde manches Gesicht länger, als die große „Kohle-Invasion" aus Koblenz, Ehrang, Ottbergen und Betzdorf anrückte, sich im Bw breitmachte und ihren festen Platz vor den Zügen einnahm.

Doch der Spuk dauerte nicht lange, nur gut einen Monat, denn mit dem 7. Januar 1974 durften die Ölloks wieder in Betrieb genommen werden, und kurze Zeit später waren alle Kohleloks wieder abgegeben.

Es soll nun nicht der Eindruck entstehen, als wäre das Bw Rheine eine Einsatzstelle allein von Dampflokomotiven. Es besaß eigene, in den Anlagen von Rheine Pbf unterhaltene Triebwagen und Dieselrangierloks; auch war es Personaleinsatz-Bw für Diesel- und Elloks anderer Dienststellen. Als weitere Aufgabenbereiche waren ihm eine Güterzugwerkstatt, ein Fernheizwerk und ähnliches angegliedert. Der Personalstand lag bei mehr als siebenhundert Beschäftigten.

Es bleibt noch über die Züge zu berichten. Auf der Emslandstrecke lag der Schwerpunkt eindeutig beim Erzabfuhrprogramm vom Emdener Hafen ins Ruhrgebiet und weiter ins Saarland. Hier war das Hauptarbeitsgebiet der schweren Dreizylinder-Loks 043 und 044 von Rheine und Emden. Höchstens als Vorspannlok vor einem aus zwei Erzzugeinheiten gebildeten Doppelpark konnte die BR 042 einem „Jumbo" mithelfen. Diese 4000 t schweren Doppelparks wurden zum Teil mit Automatikkupplung zwischen einzelnen Wagen gefahren, um deren Belastbarkeit zu erproben. Die 042 liefen hauptsächlich vor Güterzügen auf den Streckenabschnitten nach Lingen und Bentheim (Holland) sowie nach Osnabrück — Löhne.

Die Dampflok-Güterzüge waren aber keineswegs auf die nicht elektrifizierten Strecken beschränkt. Im März 1974 fuhren viele der Erzzüge, die normalerweise im Rangierbahnhof Rheine auf Ellok umgespannt werden, über die Coesfelder Strecke bis Duisburg-Wedau mit Dampf. Bis Herbst 1974 waren täglich mehrere Erzzüge nach Dortmund-Hörde und Eving mit der 043 bespannt. Ich fuhr oft diese zweifellos interessanten Touren, wo es nicht mehr so gemütlich zuging wie auf der Emslandstrecke. Auf der dicht mit Reisezügen belegten eingleisigen Hauptbahnstrecke Münster — Dortmund wurden wir oft durch die K-Tafeln (kürzeste Fahrzeit anstreben!) der Fahrdienstleiter angespornt, noch schneller zu fahren, um keine anderen Züge aufzuhalten. Da taten wir immer unser möglichstes, aber manchmal geschah es doch, wie etwa Mitte Juli, daß auf einem Ausweichgleis in Lünen kein geringerer als der in Richtung Münster fahrende Intercity „Gambrinus" mit seiner 103 brav wartete. Ich werde das Gesicht ihres Lokführers nie vergessen, wie er langsam die Hand vor seine Augen schob, als unsere 043 475 mit ihrer Erzfuhre stolz an seinem Zug vorbeidonnerte.

Bei den Fahrten nach Dortmund-Hörde gab es immer Schwierigkeiten mit den Wasservorräten. Ab Dülmen war eine Steigung nach der anderen zu befahren, von denen die längste kurz vor dem Rangierbahnhof Dortmunderfeld begann und bis nach Hörde führte. Es war ein grandioses Schauspiel, welches die Rheiner „Jumbos" auf diesem Streckenabschnitt lieferten. Die Steuerung war weit ausgelegt, die scharfen Auspuffschläge knallten nur so aus dem Schornstein — hinten folgten träge und mürrisch die schweren Erzwagen. Wen wird es da wundern, wenn wir hinterher oft mit „knochentrockenen" Tendern an den Wasserkran fuhren. Sofern keine Elloks zur Verfügung standen, wurde mit den Dampfloks auch nach Wanne-Eickel, Haltern und Recklinghausen-Süd gefahren.

Einmal mußten wir sogar einen 1700 t schweren Güterzug von Hamm nach Osnabrück übernehmen. Zuglok war die 042 364, und es ging über die bekannte „Rollbahn", die frühere Stammstrecke unserer Lok. Auf der Steigung bei Lengerich wurde der Zug langsamer, und man spürte das typische schwere Arbeiten jeder Triebwerksseite der Zweizylinderlok. Im anschließend folgenden Tunnel mußte man unweigerlich vom Führerstandsfenster zurücktreten, wollte man keinen der Schmutzbrocken abbekommen, die unsere 042 mit ihren knallharten Auspuffschlägen an den Tunnelwänden lockerte.

Doch nun zurück zum Bw Rheine — es kam übrigens, wie das Bw Emden auch, am 1. April 1974 zur BD Hannover. Im Sommerfahrplan wurden zusätzlich einige dampfgeführte Bäderzüge eingesetzt. Die Anzahl der 012-Schnellzugloks ging weiter zurück, teils durch Fristabläufe, wie Ende Mai bei der 012 104, oder durch Ausmusterungsverfügungen (012 101 und 012 082). Auch waren die 012 075 und später die 012 081 über längere Zeit zur Reparatur im AW Braunschweig. So ist es nicht verwunderlich, daß häufig die BR 042 im Schnellzugdienst auftauchte, mitunter auch Dieselloks.

An Fahrzeit für die 176 km lange Strecke Rheine — Norddeich benötigten die Reisezüge etwas mehr als zwei Stunden. Für mich war es immer ein erhabenes Gefühl, wenn wir nach all den Anstrengungen der Zugfahrt so langsam mit unserem Dampfschnellzug in der Mole einrollten.

Ich möchte nun nicht alle gefahrenen Schnell- oder Eilzüge aufzählen und beschreiben, sondern stellvertretend dafür über eine Zugfahrt auf dem Führerstand der 012 berichten. Dabei muß ich vorausschicken, daß ich mir selten Notizen mache. Auch war ich in erster Linie Heizer, und dieses Geschäft läßt sich besonders beim Schnellzug schwer mit genauen Aufzeichnungen der jeweiligen Geschwindigkeit, der Steuerungslage und des Schieberkastendrucks verbinden, obendrein war ich noch sehr viel mit dem Fotografieren beschäftigt. Dennoch will ich versuchen, den genauen Verlauf einer Dienstschicht im Plan 31.04 mit ihrem Höhepunkt, der Zugfahrt des D 715 (Norddeich — München) in seinem dampflokgeführten Abschnitt, zu beschreiben.

Es war in meiner letzten Arbeitswoche im Bw Rheine, am Dienstag, dem 10. September 1974. Bei der Eisenbahn geht's rund um die Uhr, meist fängt man sehr früh morgens oder mitten in der Nacht an. Ich fuhr vertretungsweise als Heizer im Dienstplan 04, dem Schnellzugplan der BR 012, in den auch viele Güterzüge aufgenommen waren. Der Lokführer kam aus Lingen; er mußte sicher noch früher aufstehen als ich. Dienstbeginn war 2.24 Uhr.

Beide finden wir uns um diese Zeit in der Lokleitung ein. Laut Dienstplan müssen wir einen Güterzug nach Emden fahren — ich glaube, es war der Dg 56 466 — und anschließend im Bw Emden die Zuglok des D 715 übernehmen. Von der Lokleitung bekommen wir die 042 164 mit der Bemerkung zugeteilt, daß der 56 466 verspätet sei und wir noch rund eine Stunde warten müßten. Wir gehen in den Aufenthaltsraum neben der Lokleitung und fragen später wieder nach: „Ja, ihr könnt die Lok fertig machen und rausfahren!"

042 164 steht im Schuppen. Sie ist eine Neubaukessellok mit Heißdampfregler. Bei ihr ist zunächst einmal das in der Mitte des Führerstands gelegene Hilfsabsperrventil bis zum Schwergang zu öffnen. Nun kann der Dampf durch das Reglerlangrohr zum Naßdampfsammelkasten strömen, von dort füllt er die Überhitzerrohre und den Heißdampfsammelkasten bis zum Regler. Sobald in diesen Leitungen Gleichgewicht mit dem Kesseldruck herrscht, läßt sich das Hilfsabsperrventil voll öffnen. Lichtmaschine und Luftpumpe werden angestellt, es ist genügend Wasserstand und Dampfdruck vorhanden!

Da die Lok im Schuppen steht, ist an ihr eine Reparatur ausgeführt worden. Der Lokführer untersucht die Maschine, während ich auf dem Führerstand alles herrichte — das heißt, ich schaue zunächst einmal nach den Vorräten an Schmieröl und Werkzeugen, wie Schraubenschlüsseln und Brennernadeln. Aber bei dieser Lok ist alles vorhanden, und ich brauche nichts zu holen oder auf einer anderen Lok zu „borgen".

Als die Lok rückwärts auf die Drehscheibe fährt, zünden die Ölbrenner, es geht zum Wasserkran und weiter zur Indusibremsprobe. Mit einem Ruck kommt die 042 164 zum Stehen, und kurze Zeit später hört auch die penetrante „Summerei" der Indusi auf. Durch einen Füllstoß werden die Bremsen der Lok wieder gelöst, dann geht's ein paar Meter weiter zum Meldeposten. Die Lok für den 56 466 wird dem Stellwerk Rheine Rbf gemeldet. Nachdem wir „Zwei Helle", also das Signal SH 1, bekommen, fahren wir weiter zur Rangierbahnhofsaufsicht, wo die Zugpapiere abzuholen sind.

„Euer Zug ist noch nicht da, kann noch gut eine Stunde dauern!" Auch Güterzüge fahren nach einem Plan, aber die Zugfahrt des D 715 geht vor, also wird die Lokleitung des Bw Rheine verständigt. Die entscheidet, daß der verspätete 56 466 vom Reservepersonal des Bw gefahren wird, und wir mit dem E 14 105, dem „Postzug", als Fahrgast nach Emden sollen.

In meiner Müdigkeit bin ich froh über die Entscheidung der Lokleitung. Es geht wieder zurück mit der 042 164, diesmal über das Einfahrgleis des Bw, den sogenannten „Kanal". Dort wartet schon das Reservepersonal und nimmt uns die Lok ab. —

Eisenbahner haben ihre eigenen „Schleichwege" zur Dienststelle. Von Emden Hbf gehen wir ein kurzes Stück den Schienen entlang, aber meist auf kleinen Wegen zwischen den in der Morgensonne glänzenden, niedrigen Ziegelsteinhäusern über die Eisenbahnhebebrücke zum Bw Emden.

Für den D 715 bekommen wir die 012 063 zugeteilt. Bei der Beschreibung dieser Lok bin ich etwas parteiisch, denn diese 012 ist mein „Liebling"; mit ihr habe ich viele meiner Fahrten gemacht. Kannte man ihre Eigenart der Feuerung, wie den unbedingt notwendigen ungleichen Brennerdampfdruck — links niedrig und rechts so hoch wie möglich, dazu eine spezielle Luftklappensteuerung —, so war sie ein ausgezeichneter Dampfmacher. Sie war sehr stark im Anziehen, und ein ausgesprochener Schnelläufer, der bei hohen Geschwindigkeiten noch ruhig lief. Die „63" sah auch etwas anders aus als die anderen 012. An der Rauchkammer hatte sie ein weiter unten angebrachtes Nummernschild und, wie ich glaube, auch etwas tiefer gelegene Windleitbleche.

Als erstes wird die Lichtmaschine angestellt, dann der Wasserstand und der Dampfdruck überprüft. Alles Dinge, die man mit der Zeit automatisch macht, genau wie die vielen nun folgenden Punkte, für die schon ein Blick genügt, um zu wissen, was noch alles zu tun ist, bevor man die Ölfeuerung in Betrieb nimmt. Es dauert schon eine gewisse Zeit, bis wir mit geöffneten, grell zischenden Zylinderventilen auf die bereits vorgelegte Drehscheibe rollen. Wieder folgen die einzelnen Stationen, Wasserkran und Meldeposten, bis wir uns endlich im äußersten, dem Bw zugelegenen Gleis des Rangierbahnhofs befinden. Die Weiche wird umgelegt, wir fahren diesmal vorwärts zum Indusimagneten und mit dem „Frei"-zeigenden Ausfahrtsignal weiter nach Emden Hbf. Dort bekommen wir vierzehn D-Zug-Wagen und die Zugnummer 14 133 mit nach Norddeich. Diese Wagen waren über Nacht in Emden abgestellt und gereinigt worden, sie werden später Teile der Züge D 715 und D 734 bilden. Nach dem Wenden der 012 063 auf der Drehscheibe im Bahnhof Norddeich setzt sich die Lok vor den heute acht Wagen starken D 715. Eine Dampflok wird vom Heizer an den Zug angehängt. Es folgt die Bremsprobe, und etwa zehn Minuten später gibt uns der Rangierer das Signal „Kommen“ — was für uns bedeutet, daß wir mit unserer Lok den D 715 rückwärts in das Molengleis schieben. Nach der Vorschrift muß der Heizer bei Rangierfahrten den Fahrweg ständig mitbeobachten, seine sonstigen Aufgaben treten dabei zurück. An der Tür des letzten Wagens hat sich der Rangierer schon an meiner Seite aufgestellt, denn der Lokführer kann den Zug wegen einer Rechtskurve nicht sehen. Es ist Ende der Ferienzeit, der Molenbahnsteig steht voll, und den Rangierer kann ich längst nicht mehr erkennen — nur noch seinen gelben Schutzhelm, den er mit der Hand hochhält, und der uns mit lebhaften Bewegungen, um in der Menschenmenge aufzufallen, bis zum Prellbock vordirigiert.

Um 9.20 ist Abfahrtszeit. Mit 60 Prozent Steuerung und etwa 10 atü Schieberkastendruck tastet sich 012 063 auf den in einer leichten Steigung verlaufenden Gleisen entlang. Man muß hier schon etwas vorsichtig fahren, ein Schleuderer nützt rein gar nichts. Mit Knattern arbeitet sie sich durch die enge Kurve, am Stellwerk vorbei, in den Bahnhof Norddeich. Von dort geht es um 9.28 Uhr weiter, vorbei an dem Stationsgebäude von Norden Stadt, zu unserem nächsten Halt im Bahnhof der vornehmen ostfriesischen Kleinstadt Norden.

Der weitere Verlauf der Fahrt auf der bis Emden eingleisigen Strecke bietet auf dem Führerstand wenig besonderes. Die zulässige Höchstgeschwindigkeit liegt bei nur 90 km/h. Wir fahren einen „Heißwasserzug“, denn trotz der kürzest möglichen Steuerungslage und trotz 8 atü Schieberkastendruck muß man noch aufpassen, daß die 012 063 mit ihren acht Wagen nicht zu schnell wird. Es geht über das topfebene ostfriesische Flachland. Die kleinen Dörfer Marienhafe, Abelitz und Loppersum, durch deren Bahnhöfe wir fahren, sieht man vom Führerstand aus schon kilometerweit.

Pünktlich um 9.57 Uhr läuft der D 715 auf Gleis 5 in Emden Hbf ein. Selbstverständlich wird so gebremst, daß der Tender genau am Wasserkran zum Stehen kommt. Es ist der erste größere Aufenthalt, und die Erwärmung der wichtigsten Triebwerkslager ist durch Abfühlen zu kontrollieren.

Auf den zurückliegenden 24 Kilometern von Norddeich bis Emden hatte ich genug Zeit, die Lok auf die ab jetzt ganz anderen Anforderungen vorzubereiten. Das Tenderöl ist auf eine Temperatur von 90° C aufgewärmt, und da die 012-Loks keine Wasserreißer sind, halte ich die Wasserstandsgläser zu gut zwei Dritteln gefüllt. Bei einer Dampflok weiß man nie, was alles passiert. Es braucht nur während der Fahrt ein Überhitzrohr undicht zu werden oder sogar zu reißen, dann sieht man im weiteren Fahrtverlauf selbst beim besten „Dampfmacher“ den hohen Wasserstand und den spitzen Kesseldruck nicht wieder.

Um 10.01 geht's los, diesmal ganz anders. Beim Öffnen des Reglers werden die Heißdampfbrennerventile auf etwa 6 atü eingestellt, und mit dem Ölschieber zugleich durch ständiges Beobachten der Rauchgase aus dem Schornstein, wird mitgegangen. Mit zunehmender Geschwindigkeit nimmt der Lokführer die Steuerung zurück und erhöht den Dampfdruck im Schieberkasten. Der Zug darf noch nicht zu schnell werden, denn die schon erwähnte Emdener Hebebrücke wird nur mit 50 km/h befahren.

Aber im anschließenden Rangierbahnhof, dessen Ausfahrt „steht“, kommt meine „63“. Der Regler ist weit geöffnet, und wegen der besonderen Feuerungseigenart dieser Lok nehme ich links den Brennerdampfdruck auf 4 atü zurück und erhöhe rechts über das Naßdampfventil 3 auf 12 atü, gehe wieder mit dem Ölschieber ran — er ist voll geöffnet. Der Kessel hat noch „spitzen Druck“, aber die Kolbenspeisepumpe muß noch etwas schneller laufen, und wenn bei einer zügigen Anfahrt der Kesseldruck um ein oder zwei Atmosphären abfällt, macht es überhaupt nichts aus.

Manchmal, wenn ich die Rauchentwicklung am Schornstein beobachte, lehne ich mich ein wenig weiter aus dem Führerstandsfenster und schaue nach unten. Welch ein unvergeßlicher Anblick — das mächtige, immer schneller werdende Räderwerk! Wie man mit der Zeit die einzelnen Radspeichen nicht mehr wahrnehmen kann, und wie die auf präzisen Bahnen hin- und hersausenden, sich kreuzenden Stangen klar hervortreten. Weißer Dampf strömt ab aus den Zylindern in den Bahndamm und verleiht dem schweren und harten Gang der Maschine etwas Leichtes.

Welchen Gegensatz zur spielerischen Präzision des Triebwerks zeigt doch der heiße, dröhnende Führerstand der Dampflokomotive. Hat er sich in seiner Art im Laufe der Jahre überhaupt gewandelt? Es sind Teile verändert worden und neue hinzugekommen, aber Schalter und Druckknöpfe hat sich die Dampflok zu ihrer Bedienung nie gefallen lassen. Sie ist ganz eine Maschine geblieben — sie hat sich nie zum Automaten entwickelt. Faßt man in ihrem Führerstand etwas an, dann hat es eine angenehme, warme Temperatur und ist mit einer leichten Ölschicht überzogen. Und wie lebendig wird es erst bei schneller Fahrt, mit den zitternden Handrädern und den hinter rußgeschwärztem Glas fiebernden Zeigern der Manometer. Es ist laut, sehr laut sogar, aber es ist kein monotoner Krach, sondern eine sich ständig ändernde Mischung von Geräuschen, vom Dröhnen der Brenner, von klirrenden oder dumpf schlagenden Eisenteilen und vom rhythmischen Arbeiten der Dampfmaschine.

Mit 120 km/h geht's durch die Bahnhöfe Oldersum und Neermoor. Der Dienstag ist ein besonderer Wochentag bei der Eisenbahn, überall an den Stellwerken lehnen die roten, frisch geputzten Haltetafeln. Man zeigt sie jede Woche vor, als Beweis dessen, daß man sie auch im Notfall griffbereit hat, und in den Bahnhöfen Ostfrieslands grüßen noch die Stationsvorsteher den durchbrausenden D 715. Kurz vor Leer wird der Regler geschlossen und die Steuerung für den Leerlauf auf 60 Prozent ausgelegt. Ich habe bereits den Ölschieber kleingestellt und den Brennerdampf gedrosselt, nun die Dampfstrahlpumpe angestellt und die Lok abgeschlammt. Mit dem Abbremsen des Zuges verschwindet das Wasser in den Gläsern, es folgt dem Gesetz der trägen Masse und zeigt sich erst wieder, als der Zug am Bahnsteig zum Stehen kommt.

Vom Zugführer hören wir von einer Betriebsstörung, und daß der D 715 später abfahren werde. Wir haben bereits spitzen Kesseldruck, und ich stelle die Brennerflammen so klein wie möglich — ganz abstellen will ich sie nicht, weil sonst die Feuerkastenausmauerung zu sehr abkühlt. Wie selten in diesem verregneten Sommer 1974 meint es die Sonne gut an diesem Tag, es wird drückend heiß auf dem Führerstand, so daß wir froh sind, als wir um 10.29 Uhr mit 9 Minuten Verspätung endlich abfahren. Mein Lokführer zählt nicht gerade zu denen, die eine Verspätung gerne auf sich sitzen lassen. Die im Anschluß an die Ausfahrt Leer folgende Leda-Brücke dröhnt blechern auf, als 012 063 mit etwa 95 km/h über sie hinwegzieht. Mit 120 km/h und bereits gedrosseltem Regler geht's durch den weitflächig angelegten Bahnhof Ihrhove und den Haltepunkt Steenfelde.

Vor Papenburg wird wieder der Regler geschlossen und die Bremse leicht angelegt. Ich stelle wieder die Strahlpumpe an, deren dumpfes Strömen das Rollen des Zuges durch den Bahnhof begleitet. Beim Öffnen des Reglers fragt mich mein Lokführer lachend, ob ich vielleicht schlafe? Ich knalle die Strahlpumpe zu, verstärke die Brennerflammen. Da hatte ich im Moment nicht daran gedacht, daß der D 715 ein Durchläufer zwischen Leer und Rheine ist, während die anderen Schnellzüge in Papenburg halten. Durch meine Aktivität mit der Strahlpumpe haben wir einen Kesseldruck von 13 atü, der sich aber bei dem hohen Wasserstand leicht wieder aufholen läßt.

Nach Aschendorf folgt die Abzweigung Lehe, von dort verläuft die Strecke bis Dörpen eingleisig. Mit einem spürbaren Ruck befährt unsere 012 063 die für 100 km/h zugelassene Weiche. Beim Übergang aus dem Leerlauf wird zunächst die Steuerung auf Mitte gelegt und der Regler leicht geöffnet. Bei etwa 7 atü Schieberkastendruck dreht der Lokführer die Steuerung vor und geht mit dem Regler mit, so daß der Schieberkastendruck nicht mehr unter 5 atü abfällt. Erst bei mindestens 25 Prozent Steuerungslage wird der Regler weit geöffnet. Die folgenden 27 km dürfen mit 110 und ab Lathen wieder mit 120 km/h befahren werden. Doch es kommt anders! Das Einfahrtsignal Lathen zeigt zwei Flügel — also Ölschieber und Brennerdampfventile drosseln, Regler zu, Steuerung auf 60 Prozent, erst dann wird die Bremse angelegt. Beim Drücken der Indusi-Wachsamkeitstaste am Vorsignal darf der Zug höchstens noch 95 km/h fahren.

Der Zeiger des Kesseldruckmessers zittert um den roten Strich. Die Sicherheitsventile scheinen sich mit ihrem leicht nervösen Zischen zu überlegen, ob sie nicht doch etwas Dampf ablassen sollen, als wir im Bahnhof Lathen an dem Übeltäter, einem Personenzug auf dem Durchfahrgleis, vorbeirollen. Doch mit dem Öffnen des Reglers wird ihnen dieses Problem abgenommen. Wir sind nicht die einzig Betroffenen: Es wartet noch ein Kohlezug, dessen Gleis wir zum Überholen blockierten. Er ist von einem mit abgestellten Brennern vor sich hindünstenden „Jumbo" bespannt, dessen Lokmannschaft sichtlich interessiert das Ausweichmanöver des D 715 betrachtet und uns freundlich zuwinkt.

Auf der nun bis Haren leicht ansteigenden Strecke durch das mit Kiefern bewachsene Heidegebiet zeigt die 012 063, wie schnell sie wieder auf 120 km/h kommt. Bei vollem Schieberkastendruck liegt die Zylinderfüllung zunächst bei 40, später bei 30 Prozent — auf meiner Seite ist der Ölschieber voll geöffnet. Ich muß abwechselnd zum Schornstein und zum Ölthermometer schauen, denn über Ventil 1 wärme ich das Heizöl auf knapp 100° C auf, heißer darf es in kei- Fall werden. Es ist ein herrlicher Anblick, wie unsere 012 ihren Zug beschleunigt, sie zittert unter ihren schnellen Auspuffschlägen. Über dem breiten Schornstein formt sich der für diese Mischvorwärmerlok so charakteristische, wie eine Kerzenflamme zulaufende Dampfschleier.

Die Station Haren wird bereits mit leicht beigezogenem Regler in einer Geschwindigkeit von gut 120 km/h durchlaufen. Der Kesseldruck ist nur geringfügig auf etwa 14,5 atü zurückgegangen. Wir müssen jetzt noch mehr geizen mit den Minuten. Der Abschnitt Meppen — Lingen ist durchgehend mit 110 km/h zu befahren, dabei sind kaum Verspätungen aufzuholen. Nach Lingen folgt die bekannte Langsamfahrstelle in Höhe des Atomkraftwerks bei Hanekenfähr. Die Geschwindigkeit muß auf 70 km/h vermindert werden, aber die anschließende Brücke über den Dortmund-Ems-Kanal wird bereits wieder mit donnernden Auspuffschlägen befahren. Es gilt, möglichst schnell auf 120 km/h zu beschleunigen für die folgende, 18 km lange „Rennstrecke" bis Salzbergen.

Durchfahrt Elbergen ist um 11.17 Uhr — mit 5 Minuten Verspätung. Wir begegnen dem aus Rheine kommenden D 735 mit seiner 012 080. Bei 120 km/h und mit 12 atü Schieberkastendruck läuft unsere 012 063 auf diesem gut ausgebauten Streckenabschnitt phantastisch ruhig. Krach macht eigentlich nur die bisher noch nicht erwähnte Bosch-Schmierpumpe, die sich direkt neben meinem Platz mit ihrem lautstarken Geratsche aufspielt, als wollte sie den halben Zug allein ziehen.

Erst bei der Einfahrt nach Salzbergen wird die Geschwindigkeit auf 100 km/h vermindert. Die Blockstelle Deves folgt, und kurz nach der Militärbrücke wird der Regler geschlossen. Mit drei Minuten Verspätung, um 11.29 Uhr, laufen wir in Rheine auf Gleis 5 ein.

Wie bereits erwähnt, lag diese Zugfahrt in meiner Schlußwoche bei Bw Rheine. Meine letzte Fahrt hatte ich mit dem Gegenzug D 714, und wieder mit der 012 063. Es war kein schönes Gefühl, als wir mit der Lok am Kanal im Bw Emden standen und die Nachschau machten. Für mich war es das letzte Mal, daß ich die einzelnen Lager durchging, deren Erwärmung abfühlte, ihren Ölstand maß und ergänzte, ihre Pumpen auffüllte, um sie dann für die nächste Zugfahrt im Bw abzustellen.

6

6: Signal Hp 0 bei der Einfahrt nach Rheine Rbf: 043 903 und 042 360 mit einem Kohlezug aus Esch. 19. April 1974.

7: Mit 012 061 vor D 735 bei der Ausfahrt von Emden Hbf in Richtung Norddeich. November 1974.

8: Der D 735, geführt von 012 080, bei der Ausfahrt aus Rheine. November 1974.

9: Auf 012 063 vor D 1734. 15. Juli 1974.

10: Ausbildung zum Dampflokführer. Auf 012 063 vor D 1731 am 4. August 1974.

11: 012 055 vor D 714 bei Block Deves. 26. Februar 1975.

12: 042 105 und eine weitere 042 bei Mehringen. 26. Februar 1975.

F

7

012 080

9

0

11, 12

012 055-0

14, 15

13: Mit 042 und 043 315 vor einem 4000-t-Erzzug zwischen Emden Rbf und Petkum (Ostfr.) am 20. Juli 1974.

14: 012 075 vor E 2730 bei Emden. 20 Februar 1975.

15: 042 mit einem Nahverkehrszug nach Leer. 20. Februar 1975.

16

16: Zwei „Jumbos" vor einem 4000-t-Erzzug bei Elbergen. 2. April 1975.

17

17: 043 mit einem leeren Erzwagenzug in Rheine. Februar 1975.

18/19: Der Doppelpark im Schnee, geführt von 043 364. 4. April 1975.

19

20: Zugbegegnung eines Doppelparks mit einem Schnellzug nach Holland im April 1974.

21: Der D 735, geführt von 012 075, zwischen Bentlage und Deves. April 1974.

012 075-8

042 164-4

22: 042 164 im Bw Rheine. Februar 1975.

23: Auch wenn man täglich fuhr, war dies eine seltene Zugbegegnung (in Elbergen am 6. September 1974):
Ganz rechts auf dem Ausweichgleis steht die 042 164 vor einem Güterzug. Sie wird überholt vom D 1736, an diesem Tag ebenfalls von einer 042 geführt. Entgegen kommt das tägliche Gespann von zwei 042-Loks nach Lingen.

24: Die verschiedenen Dampflokbaureihen der Emslandstrecke stehen Parade. Februar 1975.

25: 012 055 auf der Drehscheibe im Bw Rheine. Januar 1975.

26: Zwei 012 beim Wassernehmen. 16. Februar 1975.

27: Vor dem Rundschuppen. Mai 1974.

28: 042 073 beim Betanken. Februar 1976.

012 066-7
044 231-9
10
11
12

043 681-6
042 210

25, 26

27, 28

29

29: Flankenfahrt der 051 724 gegen 012 080 im Bw Rheine. 18. Oktober 1974.

1 724-3
DB
012 080-8

30

30: 042 360 fährt aus dem Neubauschuppen. 18. Oktober 1974.

31: Nach dem Abstellen der Brennerflammen wird die Ölleitung mit Dampf ausgeblasen: Dadurch kommt das Restöl schlagartig zur Verbrennung, und für einen kurzen Augenblick quellen dicke Rauchwolken aus dem Schornstein der Lok.

042 320-2

32: Wassernehmen bei 012 100. Februar 1975.

33: Ein 4000-t-Erzzug in Lingen/Ems. 13. Januar 1975.

34

Im Bahnhof von Norddeich:
34: Der D 735 ist im Molengleis eingelaufen. 20. September 1974.

35: Ankunft des Sonderzugs 28185. 1. Juni 1975.

36: Die 012 061 und ihre blecherne Konkurrenz von der Straße. 1. Juni 1975.

37: Nach der Zugfahrt: Mal sehen, was es Neues gibt! September 1974.

38: 012 066 beim Rangieren. 21. Februar 1975.

39: 012 082 vor D 715. Juli 1974.

40: Welch ein Krach! Eine 042 zieht an. Mai 1975.

5

012 061-8

6

BAHNSTEIGZUGANG
012 061-8
DO K 780
AUR NU 67
LP-ZY 84
K-U 3663
BOR-V 339

37, 38

39, 40

41: Der D 715, geführt von 012 061, fährt aus der Mole.
21. Februar 1975.

Die ölgefeuerte Dampflokomotive

„Die Leistung der Lok wird mit der Schaufel geregelt!" Mit dieser Behauptung belehrte sicher schon so mancher Lokführer seinen schwerschaffenden Heizer, um ihm Mut zu neuen Anstrengungen zu machen. Dabei stehen zur Leistungsregelung einer Lok lediglich der Regler und die Steuerung zur Verfügung, und die befinden sich beide auf der Meisterseite!

So ganz falsch ist dieser Satz aber auch nicht. Viele der zuletzt gebauten Dampflokomotiven hatten schon beachtliche Ausmaße erreicht, und in den folgenden Jahren wurden die Fahrzeiten der Reisezüge immer knapper, und der Güterzugdienst entwickelte sich weiter zu noch schwereren Einheiten mit erhöhten Grundgeschwindigkeiten.

Die Lokpersonale mußten sich ganz schön anstrengen, um aus ihren Maschinen Leistungen herauszuholen, für die sie oftmals gar nicht gebaut waren. Durch seine Kraft und Geschicklichkeit konnte der Heizer zwar nicht an der Leistung, aber doch an der Leistungsfähigkeit so mancher Lok mitregeln.

Zur Verfeuerung in Lokomotivkesseln lassen sich ohne große Umbauten vielerlei Brennstoffe verwenden. Auch die Ölfeuerung ist gar keine so neue Einrichtung, und bei vielen Eisenbahngesellschaften wird sie schon seit Jahren mit Erfolg eingesetzt. In Deutschland erhielt in den zwanziger Jahren eine preußische G 8.1 eine Ölzusatzfeuerung, während die Firma Maffei in München Vierzylinder-Pazifiks mit Petroleumzusatzfeuerung an die Rumänische Staatsbahn lieferte. In der Folgezeit fanden zunächst keine weiteren Versuche in dieser Richtung mehr statt.

Bei der Raffinerie von Rohöl fallen die einzelnen Destillationsprodukte in einem gewissen Mengenverhältnis zueinander aus. Das bei den heutigen Dampfloks mit Ölhauptfeuerung verwendete schwere Heizöl ist ein sehr billiger „Abfallbrennstoff", der durch die zunehmende Automobilisierung in immer größeren Mengen anfällt. Meist wird er in Kraftwerken verwendet, die je nach Lage der Dinge mit Steinkohle oder mit Ölfeuerung betrieben werden können.

Die Vorteile der Ölhauptfeuerung bei einer Dampflok liegen in der direkten Anpassung des Energiebedarfs an die erforderliche Kesselleistung, in kürzeren Standzeiten und der Möglichkeit zu längeren Durchläufen, da keine Rostverschlackungen auftreten können. Der Nachteil ist eine gewisse Kompliziertheit und Anfälligkeit der Ölfeuerung.

Gleichzeitig mit ihrer Neubekesselung erhielt die 01 1100 (später 012 100) im Juli 1956 eine Ölhauptfeuerung, die anfänglich noch aus einem Einzelbrenner bestand, später aber wie bei allen Loks in den Doppelbrenner umgebaut wurde.

Während meiner Zeit in Rheine hatte ich es fast nur mit ölgefeuerten Dampfloks zu tun. Da wird manch einer gleich rufen: „Da hat er nicht viel getan!" Doch dem ist beileibe nicht so. Die Ölfeuerung stellt an den Heizer eine andere Anforderung, und mit dem berühmten Auf- und Zudrehen am Ölhahn ist es wirklich nicht getan.

Sämtliche Ölloks des Bw Rheine waren bei ihrer Indienststellung und der Neubekesselung Kohleloks, und an der ursprünglichen Bauform des Kessels wurde bei der Ausrüstung einer Dampflok mit einer Ölhauptfeuerung nichts verändert. Die Einheitslok 1925 (BR 043) hat einen genieteten Kessel mit Dampf- und Speisedom. Bei dem Neubau-Ersatzkessel der Einheitslok 1950 (BR 012 und BR 042) entfällt durch eine andere Kesselspeisung der Speisedom, der Kessel ist geschweißt, und die Feuerbüchse besitzt eine Verbrennungskammer, die in den Langkessel eingezogen ist.

Alle diese Lokomotivkessel setzen sich aus drei Hauptteilen zusammen. Im hinteren Teil befindet sich der Stehkessel mit der Feuerbüchse. Beide sind miteinander oben und in den seitlichen Teilen durch Stehbolzen sowie im unteren und hinteren Abschluß durch den Bodenring und den Feuerlochring verbunden. Den Übergang zwischen den ebenen Flächen des Stehkessels und dem aus mehreren Kesselschüssen zusammengeschweißten oder -genieteten zylindrischen Langkessel bildet die Stiefelknechtsplatte, deren Form man trotz der Kesselverkleidung bei einer Lok im Betrieb gut erkennen kann. Zwischen Feuerbüchsrohrwand und Rauchkammerrohrwand liegen im Langkessel die Heiz- und Rauchrohre. Letztere haben einen größeren Durchmesser, in ihnen werden die Rohrschlangen des Überhitzers untergebracht. Im höchstgelegenen Punkt des Langkessels, dem Dampfdom, wird sämtlicher zum Betrieb der Lokomotive benötigter Dampf entnommen. In ihm befindet sich der Naßdampfregler, bei der 042 mit Heißdampfregler das Hilfsabsperrventil.

Den vorderen und den dritten Hauptteil des Kessels bildet die Rauchkammer. In ihr werden die Rauchgase gesammelt und durch den mit hoher Geschwindigkeit aus dem Blasrohr in den Schornstein strömenden Abdampf ins Freie mitgerissen.

Soweit die eigentlichen festen Hauptteile des Kessels. Als Zubehör bezeichnet man den in der Rauchkammer gelegenen Überhitzer mit seinem Naßdampfsammelkasten, den Überhitzrohren und dem Heißdampfsammelkasten, ferner den Rost als unteren Abschluß der Feuerbüchse, den Feuerschirm und den zur Aufnahme der Brennstoffrückstände unterhalb der Feuerbüchse eingesetzten Aschkasten. Auch Waschluken, Kesselverkleidung usw. gehören zum Zubehör des Lokkessels.

Da beim Betrieb des Kessels ständig dessen Wasservorrat ergänzt werden und sein Arbeiten kontrollierbar sein muß, sind weitere Ausrüstungsteile erforderlich. Dies sind jeweils zwei voneinander unabhängige Speiseeinrichtungen, Sicherheitsventile, Speiseventile und Wasserstandsanzeiger sowie ein Kesseldruckmesser.

Bei der Umstellung einer Dampflok auf Ölhauptfeuerung werden lediglich Teile des Tenders sowie des Zubehörs zum Lokomotivkessel bei der früheren Kohlelok geändert oder ausgetauscht. Die Hauptteile des Kessels und dessen gesetzlich festgelegten Ausrüstungteile werden unverändert beibehalten.

Im Tender ist ein nach hinten verlängerter Ölbehälter in den ursprünglich für den Kohlevorrat vorgesehenen Raum eingesetzt. Da das verwendete schwere Heizöl bei normaler Außentemperatur zu dickflüssig wäre, wird es bereits im Ölbehälter durch zwei Heizschlangen mit Naßdampf von der Lokomotive vorgeheizt. Vom ganz vorne gelegenen, tiefsten Punkt des Ölbehälters, dem Ölsumpf, fließt das Heizöl in natürlichem Gefälle über das Ölabsperrventil sowie ein Schnellschlußventil (Klappendurchgangsventil) zum Ölvorwärmer links unter dem Führerstand, von dort über einen Drehschieber (Ölschieber) zu den beiden Ölbrennern.

Ein Rost wie bei der Kohlelok entfällt, ebenso der Aschkasten. An seine Stelle tritt der Feuerkasten (S. 59). Unter diesem ist ein Luftschacht mit zwei Öffnungen nach vorn angebaut. Anstelle der ursprünglichen Feuertür besitzt die Öllok ein schwenkbares Feuergeschränk mit einer Schauluke zur Beobachtung des Brennerbetriebs. Ferner befindet sich darin der Sekundärluftschacht, der durch eine steuerbare Luftklappe der Verbrennung weitere Luft zuführt.

Beim Brennerbetrieb fällt das aus dem Maul des Ölbrenners ausfließende Heizöl auf den fächerförmig ausströmenden Brennerdampf, wird von diesem in den Feuerkasten mitgerissen und zerstäubt. Dabei mischt sich der Dampf-Öl-Nebel mit der durch den Hauptluftschacht einströmenden Verbrennungsluft. Da der nicht mit Wasser umgebene Feuerkasten während des Brennerbetriebs unter Feuereinwirkung steht, ist er vollständig mit Schamottesteinen ausgemauert. Die Ausmauerung wird nach einiger Zeit glühend und kann bei einem kurzzeitigen Abstellen der Brennerflammen eine erneute Zündung einleiten.

In gleicher Weise wie bei der Kohlelok werden die Brennerflammen durch die Wirkung der Saugzuganlage um den verlängerten Feuerschirm umgelenkt. Allerdings ist diese Umlenkung schärfer, dazu tragen die durch den Sekundärluftsschacht einströmende Oberluft sowie die bei der Öllok in ihrer Wirkungsweise verstärkte Saugzuganlage bei. Die Ölfeuerung hat einen erhöhten Verbrennungsluftbedarf, also muß bei ihr in der Rauchkammer ein größerer Unterdruck herrschen. Durch diese verstärkte Blasrohrwirkung steigt der Gegendruck in den Zylindern, doch wird dies durch eine höhere Temperatur der Heizgase und eine bessere Verdampfung wieder wettgemacht.

Zum näheren Verständnis der Arbeitsweise mit einer Ölfeuerungseinrichtung ist es am besten, zunächst deren Bedienungsteile im Führerstand kennenzulernen (S. 54/55). Die Lok 012 066 ist am „Brennen“, wie man an dem leicht geöffneten Ölschieber und an den Brennerdampfdruckmessern erkennen kann.

Gehen wir vom Ölschieber aus, dem wichtigsten Teil der Heizerseite. Unter ihm befinden sich die beiden Handräder zur Bedienung der Brennerdampfventile mit Heißdampf und der Dampfstrahlpumpe. Rechts neben dem Ölschieber ist die große Boschpumpe zur zentralen Versorgung der Lok mit Heißdampfschmieröl angeordnet. Daneben befindet sich die Naßdampfventilgruppe mit ihren fünf Ventilen. Ihre Zuleitung kommt vom hinteren Dampfentnahmestutzen und ist dort der Dampfleitung zur Strahlpumpe angeflanscht. Ventil 1 dient dem Ölvorwärmer seitlich der Lok. Ventil 2 und 3 gehen zu den beiden Brennern links und rechts, die man also auch mit Naßdampf betreiben kann. Dann folgt das sehr wichtige, unter Umständen sogar gefährliche Ventil 4. Mit ihm wird zum Ausblasen oder Vorheizen Dampf in die Ölleitung gebracht. Ventil 5 dient der Beheizung des Tenderölbehälters. Am rechten Bildrand ist noch ein Teil des Feuergeschränks sichtbar.

Der obere Bildteil zeigt die auch bei der Kohlelok vorhandenen sechs Handräder zum vorderen und hinteren Dampfentnahmestutzen. Von unten nach oben beschrieben sind deren Steuerungsfunktionen im einzelnen: Der Hilfsbläser, der beim Brennerbetrieb aus Sicherheitsgründen ständig voll geöffnet sein muß. Dann, meist etwas vorstehend angeordnet, die Kolbenspeisepumpe — wir sagten immer: Fahrpumpe — und die Lichtmaschine.

Vom hinteren Dampfentnahmestutzen gehen ab: Die Dampfstrahlpumpe mit dem Fünffachventil bei der Öllok, dann die Zugheizung und ganz oben der Dampfbläser (Heizflächenreiniger). Es folgen weiter rechts die Anzeigegeräte: Unten sind die Brennerdampfdruckmesser links und rechts zu erkennen, in der Mitte folgen das Thermometer des Ölvorwärmers sowie der Schieberkastendruckmesser. Ganz oben befinden sich der Hubzähler für die Kolbenspeisepumpe und der Druckmesser der Zugheizung.

Bei der Umstellung einer Dampflok auf Ölfeuerung hat sich an der Lokführerseite nichts verändert. Doch gönnen wir auch der Meisterseite eine kurze Beschreibung: Der Reglerhebel ist nur andeutungsweise vor dem Halter des Buchfahrplans zu sehen. Dominant auf dieser Führerstandsseite stellt sich das Steuerungshandrad am Steuerbock dar. In dessen Umgebung ist links an der Stehkesselverkleidung der Sandstreuhebel angebracht. Rechts daneben befinden sich die Löseventile der einzelnen Bremszylinder der Lok, an der Führerhauswand der Indusikasten. Ganz unten wäre noch der Zughebel zu den Zylinderentwässerungsventilen. Direkt über dem Steuerungshandrad gelegen sind der Geschwindigkeitsmesser sowie die beiden Bremsventile der Zug- und Lokbremseinrichtungen. Im oberen Bildteil befinden sich rechts neben dem Regler der Seitenzughebel zur Dampfpfeife sowie das Handrad zum Anstellen der Luftpumpe.

Die ganz oben, in Augenhöhe des Lokführers angeordneten Anzeigegeräte sind im einzelnen: Die Druckmesser der Bremsluftleitung, des Hauptluftbehälters und der Bremszylinder. Darüber befinden sich der Bremskraftmesser und das Pyrometer (Fernthermometer zum Schieberkasten) und schließlich noch der Schieberkastendruckmesser.

Die Arbeitsvorgänge bei der aus Öl-, Naßdampf- und Heißdampfteilen bestehenden Ölhauptfeuerung sind äußerst vielschichtig, und ich möchte, um einigermaßen verständlich zu bleiben, nicht jede Einzelheit beschreiben. Stichwortartig will ich die wichtigsten Punkte beim Zünden, der Zugfahrt, beim Abstellen und Aufheizen einer kalten Lok darlegen.

Im Normalfall ist eine Lok im Bw betriebsfähig abgestellt. Dies bedeutet unter anderem: Das Heizöl im Tender hat eine Temperatur von wenigstens 40° C, auch sind ein Kesseldruck von mindestens 4 atü und ein genügend hoher Wasserstand im Kessel vorhanden, um ein Zünden der Ölfeuerung mit Eigendampf vorzunehmen. Wegen der Gefahr des Flammenrückschlags ist als erstes immer der Hilfsbläser voll anzustellen. Dann kann das Feuergeschränk geöffnet und das richtige Arbeiten der Brennerdampfschlitze kontrolliert werden. Die Ölleitung zum Tender wird über Ventil 4 mit Naßdampf kurz durchgeblasen und damit gleichzeitig vorgeheizt. Anschließend wird eine brennende Lunte, meist mit Petroleum getränkte Putzwolle, in den Feuerkasten knapp vor die Brenner eingeworfen. Nach dem Verschließen des Feuergeschränks werden das Ölabsperrventil und das Schnellschlußventil am Tender geöffnet, sodann die Brennerdampfventile auf etwa 3 atü eingestellt. Dann kann mit Gefühl der Ölschieber geöffnet werden. Das in den Feuerkasten einströmende Dampf-Öl-Gemisch zündet nun an der brennenden Lunte.

Bei Beginn der Zugfahrt muß die Feuerkastenausmauerung bereits gut erwärmt, also leicht glühend sein, und das Tenderöl sollte eine Temperatur von 80 bis 90° C besitzen. Ölmenge und Brennerdampfdruck sind ständig der jeweiligen Kesselleistung anzupassen. Beim Verstärken der Brennerflammen ist vorab der Brennerdampfdruck zu erhöhen, erst danach die Ölmenge. Um einen abgefallenen Kesseldruck wieder zu erhöhen, ist es sinnlos, einfach mehr Öl zu geben: Es würde unverbrannt als schwarze Rauchwolke durch den Schornstein ausgestoßen. Vielmehr muß versucht werden, durch exaktes Regeln der Ölmenge und des Brennerdampfdrucks sowie mit den Luftklappen eine bestmögliche Verbrennung zu erreichen. Der erste Anhaltspunkt dabei ist — neben den dunklen, aber qualmfreien Rauchgasen aus dem Schornstein — eine helle Brennerflamme. Man kann dies unter Umständen, je nach Lokleistung, auch mit unterschiedlichen Brennerdampfdrücken erreichen. Mit dieser Maßnahme will man eine intensivere Durchwirbelung des Dampf-Öl-Gemisches mit der Verbrennungsluft erzielen und das für den Verbrennungsvorgang vorhandene Volumen der Feuerbüchse besser auszunutzen. Doch dies ist allein eine Sache des Ausprobierens und Beobachtens, kein Patentrezept für jede Lok; manche wollen ständig ihren gleichmäßigen Brennerdruck, viele andere nicht. Bei den schlechten Dampfmachern ist man ständig am Probieren.

Während der Fahrt werden die Brennerdampfventile mit Heißdampf betrieben, wobei ein Druck von etwa 8 atü möglich ist. Sollte dieser nicht ausreichen, so kann zusätzlich Naßdampf über die Ventile 2 und 3 zugeführt werden. Der Lokführer teilt das Schließen oder Beiziehen des Reglers dem Heizer vorher mit, so daß der Zeit genug hat, die Ölmenge und den Brennerdampfdruck zu drosseln.

Nach der Fahrt oder bei längeren Betriebspausen muß die Ölfeuerung abgestellt werden. Dabei sind zunächst der Ölschieber und am Tender das Ölabsperrventil sowie der Schnellschluß zu schließen. Nun bringt man mit Ventil 4 Dampf in die Ölleitung, der das vorhandene Öl über eine Steigleitung kurz vor dem Schnellschlußventil in den Vorratsbehälter des Tenders zurückdrückt. Da sich nach diesem Vorgang noch Restöle in der Zuleitung befinden, wird es durch vorsichtiges Öffnen des Ölschiebers und des Ventils 4 in die Feuerbüchse geblasen, wo es sich an der noch glühenden Ausmauerung entzündet. Bei dieser explosionsartigen Verbrennung quellen dicke Rauchwolken aus dem Schornstein. Diesen Vorgang nennt man kurz „Ausblasen“, und manche Heizer verfahren dabei auch anders. Wichtig ist nur, daß die Ölleitung frei wird, da sie sonst durch erkaltetes Öl verstopft würde.

Da bei der Inbetriebnahme einer kalt abgstellten Lok kein Eigendampf zur Verfügung steht, muß ihr über die Zugheizleitung von einer anderen Lok Fremddampf zugeführt werden. Als Verteiler dient nun der am Führerhaus gelegene hintere Dampfentnahmestutzen. Von diesem geht bei der ölgefeuerten Dampflok über einen Absperrhahn eine Dampfleitung zum Hilfsbläser ab. Sie wird geöffnet, ferner Zuleitungen zur Dampfstrahlpumpe mit der Naßdampfventilgruppe, auch bei beiden Loks die Zugheizung. Dadurch steht zur Zündung der Ölfeuerung und zur Beheizung des Tenderölbehälters in allen Punkten Dampf zur Verfügung, nur können in diesem Fall die Brennerdampfventile lediglich mit Naßdampf betrieben werden. Ist ein Kesseldruck von 5 atü erreicht, wird die Lok ausgeblasen, die Zugheizung und der Absperrhahn zum Hilfsbläser werden wieder geschlossen. Zur Weiterbeheizung der Loks bis zum Kesselhöchstdruck erfolgt die erneute Zündung wie bei einer betriebsfähig abgestellten Lok — nur ist durch die noch glühende Ausmauerung eine Zündlunte entbehrlich.

Wie man sieht, ist die Ölfeuerung eine gar nicht so einfache Sache, und mit ihr dürfen bei der Bundesbahn nur besonders geschulte Lokpersonale und Betriebsarbeiter umgehen. Das Beschriebene wäre noch lange nicht alles, denkt man an die zahlreichen Möglichkeiten von Störungen bei dieser komplizierten Anlage. Vieles ist Erfahrungssache, genau wie beim Umgang mit der Dampflok schlechthin.

Ein sehr bezeichnender Satz steht an erster Stelle in der Dienstvorschrift über die Bedienung der ölgefeuerten Dampflokomotive: „Die Ölfeuerung erspart dem Heizer schwere körperliche Arbeit, setzt aber Aufmerksamkeit, schnelles Handeln beim Anpassen der Feuerung an die erforderliche Kesselleistung und während der Fahrt eine gute Zusammenarbeit zwischen Lokführer und Heizer voraus.“

Dem wäre noch hinzuzufügen, daß mit der Ölfeuerung die letzte wirklich große Verbesserung des Dampfbetriebs erreicht wurde. Diese umgebauten Loks erzielten die höchsten je von Dampflokomotiven gefahrenen Laufleistungen, und dies mit den schwersten Zügen überhaupt.

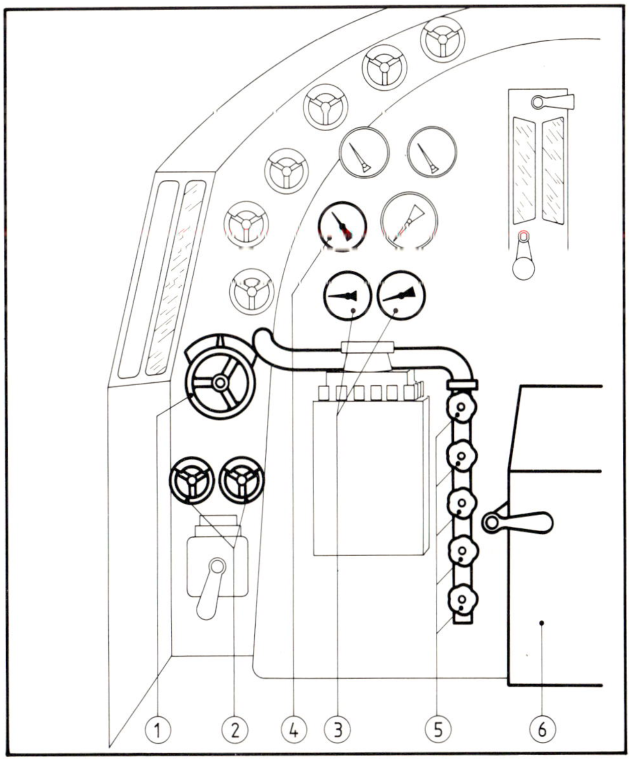

Die charakteristischen Teile auf dem Führerstand der ölgefeuerten Dampflok: 1) Ölschieber, 2) Heißdampfbrennerventile, links und rechts, 3) Brennerdampfdruckmesser, links und rechts, 4) Ölthermometer, 5) Naßdampfventilgruppe mit Ventil 1—5, 6) Feuergeschränk

(Skizze: Klaus-Joachim Schrader)

42/43: Heizer- und Lokführerseite der 012 066.

44

44: 012 075 im Bw Rheine am 19. Oktober 1974. Am nächsten Tag wird sie einen Sonderzug der DGEG nach Kassel fahren.

012 075-8

45: Im AW Braunschweig werden bei einer BR 050-Lok Heizrohre mit der Rohrwand der Feuerbüchse verschweißt. 19. März 1975.

46

46: Leider nur ein Schwarzweißbild: Blick in Feuerbüchse und Feuerkasten der 012 066 nach der Zugfahrt vor E 2733 in Emden Hbf am 19. Juli 1974. Die Ausmauerung des Feuerkastens wird bei einer großen Kesselleistung durch die starke Verbrennung fast weißglühend.

47/48: Die Richterei des AW Braunschweig. 19. März 1975.

49: Im AW Braunschweig. Eine 044 hängt am Laufkran. 19. März 1975.

50: Wiedersehen mit dem Rest einer alten Bekannten:
Die 012 101 am 19. März 1975 im AW Braunschweig —
als Ersatzteilspender.

044 575

51: 012 066 fährt zur Ganzprüfung in den Neubauschuppen des Bw Rheine. November 1974.

52: Rauchkammeruntersuchung bei 012 061. November 1974.

53: Reparatur der 043 636 nach der Ganzprüfung.
Wegen Undichtigkeiten werden Kolben und Kolbenschieber ausgebaut.
November 1974.

54

54: Blick in die geöffnete Rauchkammer eines „Jumbo".
Der Funkenfänger ist entfernt. November 1974.

55 56

55: Die Grube im Neubauschuppen wird gereinigt.
Im Hintergrund steht die 012 100. November 1974.

56: Zigarettenpause. November 1974.

57: Neben dem Rundschuppen des Bw Rheine. November 1974.

58: Vor der 012 066. April 1975.

59

 59: Der Angriffspunkt der Kraft — das Treibstangenlager der 012 066.

60

60: In der Nachmittagssonne! Bw Rheine im Februar 1975.

61: Die 094 640 dampfte noch bis Ende 1974 in Emden.
Sie schleppte die schweren Erzzüge über die kurvenreichen Strecken des Hafengebiets zum Rangierbahnhof. Im Führerstand der letzten T 16.1 des Bw Emden, November 1974.

62: Nach der Fahrt: 012 081 wird abgestellt und ausgeblasen. Februar 1975.

63: 043 737 beim „Rohrereinigen mit Sand". Petkum (Ostfr.) Februar 1975.

64: Der Doppelpark fährt von Lingen weiter in Richtung Rheine. Februar 1975.

65: Dampfwolke: Lingen, Februar 1975.

66: Eine 043 und die 042 241 bei Petkum (Ostfr.). Februar 1975.

043 737-6

042 245-1

4

5

6

Lnf

◀ 67

68

67: Ein Doppelpark fährt zum Wassernehmen in Lingen/Ems ein. 13. Januar 1975.

 68: 043 196 mit einem Güterzug in Lingen Nord. 13. Januar 1975.

69: 012 055 vor E 3259 bei der Ausfahrt aus Lingen. 13. Januar 1975.

70/71: Im Führerstand der 012 061 vor D 735 bei der Abfahrt in Emden. November 1974.

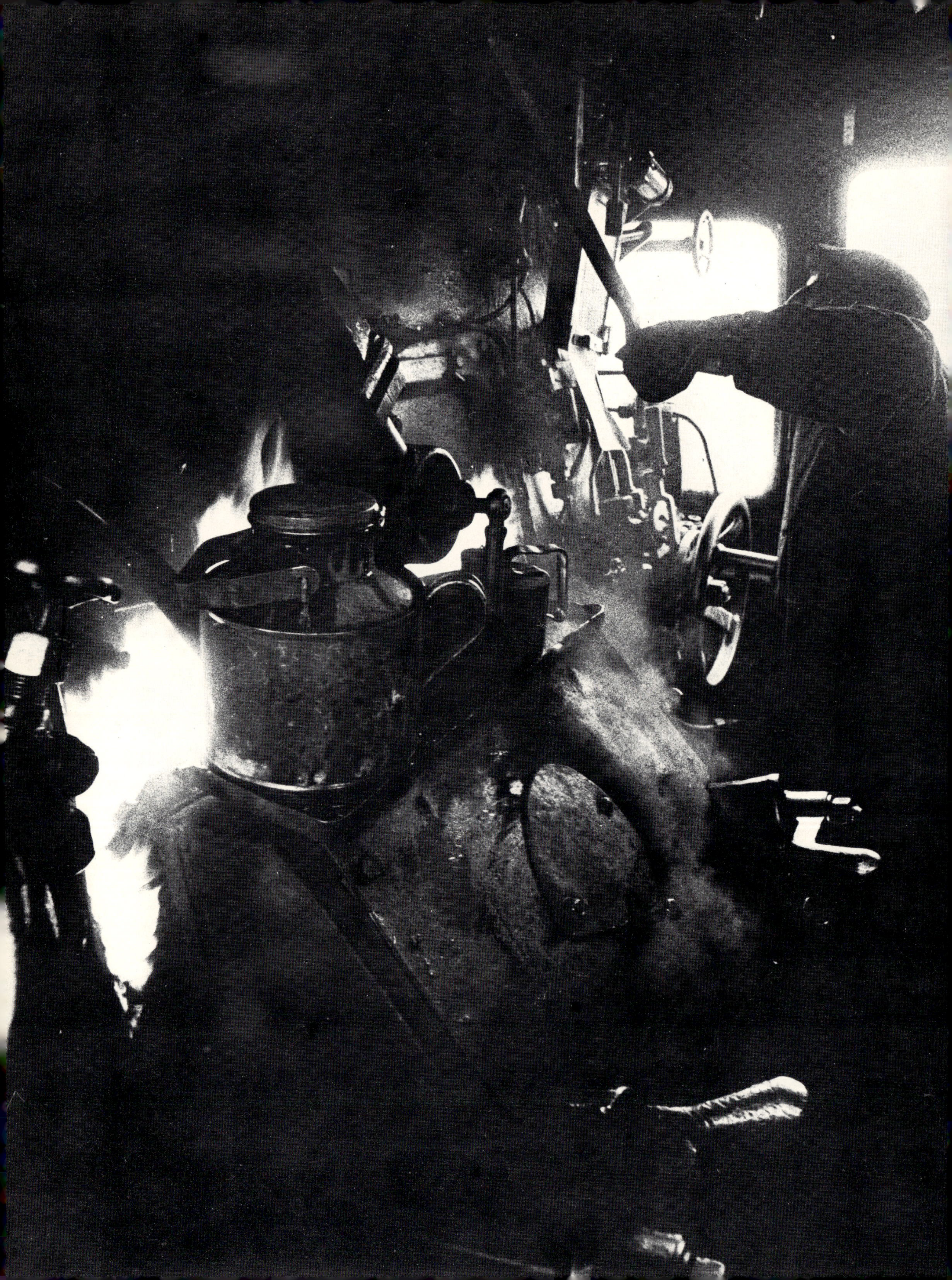

72

72: Der D 715, geführt von 012 081, bei Norden (Ostfr.) am 1. März 1975.

012 101-2

012 100-4

73

73: Die 012 101 vor D 735 bei Bentlage. Juni 1974.

74: Der gleiche Zug an derselben Stelle, geführt von 012 100. August 1974.

74

75: Der D 1734 mit 012 055 auf der Fahrt zwischen Emden Außenhafen und Emden Hbf. 8. September 1974.

76: Ein Schrottlokzug, bestehend aus der 043 321 als Zuglok sowie der 012 084 und 071, ferner der 043 681 zur L0-Untersuchung. Am 19. März 1975 auf der Fahrt nach Braunschweig.

77: Im Rangierbahnhof Löhne.

7

6

7

78 79

78: Zugbegegnung auf 012 055 vor E 2738 mit dem entgegenkommenden E 3265 hinter der 012 082 zwischen Lathen und Meppen. 4. Juli 1974.

79: Im Führerstand der 012 061. Der Heizer reguliert die Fahrpumpe (Speisepumpe).

80: 012 061 mit D 715 in Norddeich. 21 Februar 1975.

81: 042 168 mit einem Ölzug aus Lingen. 2. April 1975.

82: 012 063 vor D 714 bei Salzbergen. 4. April 1975.

83: 012 063 vor E 2730 bei Salzbergen. Februar 1975.

80, 81

, 83

84: Als Ersatz für die 012. Die 042 073 mit D 735 in Rheine. Februar 1975.

85: E 3260 mit 042 308 bei Hanekenfähr, im Hintergrund das Atomkraftwerk Lingen. November 1974.

86: Im Bahnhof Norddeich. Die 012 063 kommt mit dem E 2730 aus der Mole, während 012 075 mit dem E 3112 am Bahnsteig wartet. 28. Februar 1975.

87: Der E 1631 bei der Ausfahrt aus Rheine im Mai 1974.

012 104
210

88: 012 081 vor E 1809 bei Block Bentlage im März 1974.

89: Im Führerstand der 012 061, Mai 1975.

90: Am 15. Januar 1975 war ein Kamerateam vom Fernsehen im Bw Rheine. Für Aufnahmen des fahrenden Triebwerks erhielt die 012 075 seitlich einen Korb angebaut. Auch ich drehte eine Ehrenrunde in diesem Aufnahmekorb, dabei entstand dieses Foto.

91: 012 055 vor DC 917 in voller Fahrt zwischen Dörpen und Lathen. 22. Mai 1974.

92

92: Faszination der Dampflok! Vorbeifahrt der 012 075 mit E 1631. Ende März 1974.

93: 044 569 bei Bentlage. Im März 1974.

94: Elektrifizierungsarbeiten in Salzbergen. Februar 1975.

95: Am 5. April 1974 wird in Rheine die Denkmalslok 01 1056 eingeweiht.

96: Lokwechsel beim D 714. Die 103 183 wird von 012 063 abgelöst. Februar 1975.

93, 94

95, 96

043 903-4

97: Die Emdener 043 903 mit einem leeren Doppelpark nach der Abfahrt in Rheine. März 1974.

98 Eine 042 als Vorspannlok vor der 043 mit einem 4000-t-Erzzug bei Geeste. April 1975.

042 097-6

100

99: Zugbegegnung bei Leschede am 13. September 1974.
012 063 mit D 714 und 042 097 vor einem Güterzug.

100: 012 066 vor D 715 bei der Abfahrt aus Norddeich-Mole.
15. Februar 1975.

101: Ausfahrt aus dem Bw Rheine. Februar 1975.

102: Die Feuermänner einer Schicht; im Februar 1975.

043 681-6

012 066-7

103

103: Einer der letzten Dampfschnellzüge der DB. 012 066 vor D 714 bei Block Bentlage, Ende Mai 1975.

104: In Köln Hbf.
Sonderzug der DGEG (Dortmund—Trier am 25. Mai 1975).

105: Bei diesem Andrang soll man auch noch die Lok abölen!

DB

106: Die Große und die Kleine! Bei der ersten Sonderfahrt der Ulmer Eisenbahnfreunde mit der neuerworbenen 012 066 am 7. Dezember 1975.

107: Nach der letzten Fahrt am 1. Juni 1975. Die 012 061 am „Kanal" im Bw Rheine.

012 061-8
LETZTE FAHRT

108: Zum letzten Male in Norddeich — die 012 061. Am 1. Juni 1975 führte sie das Sonderzugpaar 28 185/28 186 über die Emslandstrecke, während die anderen 012-Loks bereits abgestellt waren.